Duszynski

Waldleben

Im Stuttgarter Wald zwischen
Solitude und Bärensee

Duszynski

Waldleben

Im Stuttgarter Wald zwischen Solitude und Bärensee

Mit einem Beitrag von
Forstdirektor Fritz Oechßler

ALPHAR VERLAG

INHALT

Alte Buchen und Anemonen am Südufer des Neuen Sees.

An einem Regentag: Schwertfarn und Baum-
Monumente östlich der Damgarten-Wiese.

VORWORT

Wer seine Schritte in den Wald zwischen Schloß Solitude und Bärensee lenkt, kann eine Fülle sinnlicher Eindrücke erleben, die in wohltuendem Kontrast zu den Merkmalen unseres modernen Alltags stehen.

Schon nach kurzer Zeit dämpfen Blätter und Gehölz den Verkehrslärm angrenzender Straßen, und je tiefer wir ins Waldesinnere kommen, um so mehr belebt die Natur unsere Sinne. Sonnenstrahlen dringen durchs Blätterdach zu uns; Tautropfen leuchten in Regenbogenfarben auf; ein Windhauch läßt die Wasserfläche eines Sees erzittern, und von fern ertönt der Lockruf eines Vogels. Frische, würzige Luft einatmen; verweilen im Anblick alter Bäume – berühren solche Augenblicke nicht das Wesen des Lebens? Oder sind sie, angesichts einer technisierten Welt, nicht mehr als Romantik von gestern?

Immer schneller verändert der technische Fortschritt unser Leben. Der Mensch, selbst Teil der Natur, entfernt sich mehr und mehr von seinem Ursprung und schafft sich immer neue künstliche Welten von zweifelhaftem Wert. In dieser orientierungslosen Hektik suchen viele Menschen in der Natur ein Maß, an dem sie ihr Dasein ausrichten können.

Im Wald zwischen Solitude und Bärensee, dem Stuttgarter Rotwildpark, zeigt sich die vielfältige Natur in einem Waldbild, wie es heute nicht mehr entstehen kann. Uralte Eichen und Buchen, stille Seen, verschwiegene Lichtungen und Waldwiesen, verbunden durch ein Netz von Wegen und Pfaden, offenbaren dem Besucher eine artenreiche Flora und Fauna. Für die Stadt ist dieser Wald ein unentbehrlicher Frischluft- und Wasserspeicher; für seine zahlreichen Gäste ist er ein Quell der Lebenskraft und Inspiration.

Mit dem Bildband „Waldleben“, dessen Fotos in den letzten 2 Jahrzehnten entstanden sind, möchte ich dazu anregen, die Natur vor unserer Haustür neu zu entdekken. Ein besinnlicher Spaziergang öffnet unseren Blick für die schönsten Seiten dieses Gebiets. Und wer sich dieser Welt frei und gelöst hingibt, dem schenkt sie Augenblicke des Glücks und der Erfüllung.

Leonberg, Januar 1995

Bärenschlößle April 1994.

HISTORISCHER RÜCKBLICK

Der Weg vom menschenleeren Urwald zur pulsierenden Landeshauptstadt ging einher mit dem ständigen Zurückweichen des Waldes vor der Zivilisation. Früher bedeckten Laubwälder unsere Landschaft bis zum Horizont. Aber schon die Ackerbauern der jungen Steinzeit rodeten Waldgebiete mit guter Bodenqualität, z. B. die Filder und das Strohgäu. Gebiete mit unergiebigen Keuperböden, wie die Höhenzüge im Westen der Stadt, blieben davon verschont. Bestand hatte der Wald auch in schwer zugänglichem Gelände, an Nordhängen und in den Jagdrevieren der Obrigkeit. Die Verteilung von Wald und Feld war im Mittelalter in groben Zügen abgeschlossen, aber die sich ausbreitende Stadt forderte immer weitere Flächen für den Bau von Häusern und Straßen. Der heutige Wald ist ein unschätzbar wertvoller Restbestand, der für das im Talkessel liegende Stuttgart lebenswichtige Funktionen hat.

Der besondere Charakter des Waldes zwischen Solitude und Bärensee hat seinen Ursprung in den Epochen als Weidewald, als herrschaftliches Jagdrevier und als Naturschutzgebiet. Die frühen Jäger und Sammler versorgten sich im Wald mit Wildbret, Früchten, Beeren, Pilzen, Honig und natürlich mit Brennholz. Sie störten das Gleichgewicht der Natur kaum. Der starke Bevölkerungszuwachs und die Entwicklung der Landwirtschaft veränderten diesen Zustand nachhaltig. Im Mittelalter trieben die Bauern ihre Rinder, Schweine und Ziegen in den Wald. Die Tiere begnügten sich nicht mit Eicheln und Bucheckern; sie vertilgten auch jeden Jungwuchs und alle erreichbaren Zweige. Eichenwald eignete sich besonders als Weidegrund. Sein lichtdurchlässiger Kronenschluß begünstigte das Wachstum von Gras und Sträuchern, und der starke Fruchtabfall war eine willkommene Abwechslung für das Vieh. Geschätzt wurde das dauerhafte Eichenholz auch beim Bau von Häusern. Holz, damals einziges Heizmaterial, wurde in großen Mengen für den Betrieb von Kalk-, Ziegel- und Teeröfen und für Köhlereien geschlagen. Mit der Asche wurden die Felder gedüngt, und Laub sammelte man als Streu für den Viehstall. Wie ausgefegt sollen die Wälder danach ausgesehen haben.

Noch Ende des 18. Jahrhunderts trieben zwei Kuhhirten, ein Geißhirt und ein Schweinehirt das Vieh der Stuttgarter Bauern über Herdwege in den Wald. Ein Streit

Baum-Fragment am Rande der Bärenkopf-Wiese.

um die Weiderechte zwischen Gerlingen und Stuttgart, der im 16. Jahrhundert entbrannte, gipfelte in der Gefangennahme von über 30 Stuttgartern und endete 1561, nach 23 Jahren, mit einem Vergleich vor Gericht.

Die intensive Beweidung des Waldes hinterließ unübersehbare Schäden: Jungbäume, Samen und alles erreichbare Geäst waren vernichtet; zurück blieben öde, vergraste Flächen mit nur wenigen Bäumen. Erst als Teile des Waldes für den Weidebetrieb gesperrt und zum Bannwald erklärt wurden, war an eine vorausschauende Wiederaufforstung zu denken. Schnell wachsendes Nadelholz sollte die größten Wunden schließen. Auch das Leben der Menschen veränderte sich: Man stellte auf Kohlefeuerung um, Kartoffelanbau und Stallfütterung ersetzten die Waldweide, und so verlor die Landeshauptstadt allmählich ihren ländlichen Charakter.

Neben der Beweidung prägte die höfische Jagd den Charakter des Waldes. Im Glemswald jagten die württembergischen Herzöge bevorzugt dem „edlen Hirsche" nach. Sie pirschten sich an und erlegten das Tier mit der Büchse; oder es wurde mit Hunden bis zur Erschöpfung gejagt und dann mit dem Hirschfänger zur Strecke gebracht. Oft wurde auch ein ganzer Waldteil, der als Revier der Tiere bekannt war, mit Netzen und Tüchern abgegrenzt. Treiber und Hunde hetzten das Wild zur einzig offenen Stelle des Rings, wo es abgeschossen oder lebendig gefangen wurde.

Viele Wege und Alleen legten die Fürsten unter dem Aspekt an, Wild vom Pferd aus zu jagen oder vom Wagen aus zu beobachten. 1724 ließ Herzog Eberhard Ludwig im Gerlinger Wald ein Wegenetz anlegen, das sich vom Planhaus sternförmig in sechs Richtungen ausbreitete. Ohne Rücksicht auf die Eigentumsverhältnisse wurden die Alleen in den Wald gehauen; das Jagdrecht war auf Seiten der Landesfürsten. Wer heute z.B. vom Forsthaus am Stuttgarter Tor auf dem Glemssträßle nach Westen geht, erreicht auf gerader Strecke nach etwa 3 km die Stelle, an der das Planhaus stand. Die aus Frankreich kommende Parforcejagd, das Hetzen des Wildes mit Meute zu Pferd, machte einen weiteren Ausbau der Jagdalleen notwendig. Der Große Stern, nordwestlich des Planhauses, wurde Zentrum eines weiteren Wegesystems.

Im Jahre 1763 faßte Herzog Carl Eugen den Entschluß, angesichts der herrlichen Aussicht in der Gegend „der fünf Eichen", ein

Jagdhaus beim Saugehege
im Schwarzwildpark.

Jagdschloß zu bauen, um sich mit 35 Jahren, „fern vom Getümmel und den Enttäuschungen der Welt“, zurückzuziehen. Fünf Jahre später war Schloß Solitude erbaut, aber das Leben dort war alles andere als einsam. Der Glemswald wurde Schauplatz repräsentativer Jagdveranstaltungen, die Schaulust und Eitelkeit befriedigten. Monatelang mußten Fronarbeiter das Wild von weit her zusammentreiben und einem unwürdigen Spektakel zuführen. So z. B. 1782 beim Besuch des russischen Großfürsten und späteren Zaren Paul, als über 5.000 Hirsche und anderes Wild zum Amüsement des Hofstaates durch den Bärensee und vor die Flinten der Herrschaften gehetzt wurden. Schiller nutzte damals die Unruhe des Festes zur Flucht.

Während der Zeit des hohen Wildbestandes war an die Pflege oder die Verjüngung des Waldes nicht zu denken, zumal sich in den Außenbereichen noch das Weidevieh drängte. Erst 1788 war die Zeit der großen Jagden vorüber. Des Herzogs Zuneigung galt nun seiner neuen Schöpfung Schloß Hohenheim. Die unter Carl Eugen angelegten Tiergärten verfielen, und für kurze Zeit kehrte wieder Ruhe in den Wald ein. Unter dem jagdfreudigen König Friedrich beklagten sich die Bauern erneut über die verheerenden Wildschäden. 1815 entschloß sich der König, den Wildbestand wesentlich zu reduzieren und dafür zwei große Tiergärten anzulegen: den Rot- und den Schwarzwildpark. Trotzdem war der Wildbesatz noch viel zu hoch und der Verbiß, den wir von der Waldweide her kennen, dauerte an. So entstanden mit der Zeit abenteuerlich geformte mehrstämmige Buchen, z. B. die „16 Buchen“ oberhalb des Forsthauses Schattengrund. Junge Bäume konnten nicht heranwachsen; nur einzelne Buchen und Eichen entwickelten sich, durch Gatter geschützt, zu großkronigen Weidebäumen. Der romantische Pavillon, den Herzog Carl Eugen 1768 am Bärensee erstellen ließ, wurde abgerissen und 1817 durch das Jagdschloß „Bärenschlößle“ ersetzt, das ursprünglich in Freudental bei Besigheim stand. In seiner Umgebung ist die künstlerische Landschaftsplanung, die Harmonie von Wasser, Wald und Wiesen, besonders augenfällig.

Von den herrlichen Baum-Monumenten, die über den ganzen Wald verstreut waren, vom Pfaffensee, wo Graureiher und Fischadler auf den Uferbäumen horsteten, sah und hörte der einfache Bürger wenig. Im Rot-

Schloß Solitude, Detail.

wildpark durfte das Volk von April bis September auf drei Wegen spazierengehen: auf dem Bärensträßle, dem Glemssträßle und auf dem Königsweg zwischen Glemsbrunnen und Bärenschlößle. Eintrittskarten gab es nur beim Hofjagdamt im Schloß Rosenstein, später auch bei den Parkwächtern. Man mußte schon gut zu Fuß sein, um das Gebiet zu erwandern, denn die Stuttgarter Pferdebahnen endeten in Heslach und in der Schwabstraße. Trotzdem war der Reiz groß, in die Wälder zu gehen und nach Rotwild Ausschau zu halten, das gegen Abend, jenseits des Bärensees, auf der Hirschwiese äste.

Als nach dem 1. Weltkrieg die Schranken der Wildparks fielen – weder der Staat noch die Stadt konnten für die hohen Unterhaltskosten aufkommen – setzte ein Massenzustrom von Neugierigen ein. Die herrlichen Baumgruppen und die lichten Bestände der uralten Eichen und Buchen, Kastanien und Linden, Forchen und Erlen wurden entdeckt und bestaunt. Leider hatte dieser Zustrom auch seine Nachteile: Schwertlilien, Arnika und andere seltene Pflanzen fanden ihre Liebhaber. Fischadler, Eisvogel und Wiedehopf konnten sich an die einsetzende Unruhe nicht gewöhnen und wanderten ab. Andererseits, je mehr man die unbekannte Schönheit des Waldes entdeckte, um so lauter wurde der Ruf, seine Eigenart zu erhalten und zu schützen. Schließlich wurde der ganze Bereich zum Naturschutzgebiet erklärt.

1937 zäunte man im Gebiet der Hirschwiese nochmals eine 100 ha große Fläche für Rotwild ein. Wie in alten Zeiten konnten die Besucher von den Terrassen des Bärenschlößles aus die Tiere beobachten. 1945 war auch diese Episode zu Ende. Die Besatzungstruppen schossen alle Tiere ab, und die Absperrungen verfielen. Schon 1943 fiel das Bärenschlößle einem Luftangriff zum Opfer. In Erinnerung an die Jagdepochen wurde 1965 im Rotwildpark ein 6 ha großes und im Schwarzwildpark ein 4 ha großes Gehege angelegt.

Seit Jahrhunderten hat der Mensch den Wald zwischen Solitude und Bärensee beeinflußt. Immer wieder wurde versucht, die Wunden, die Waldweide und zu hoher Wildbesatz schlugen, zu schließen und den Zustand durch eine geordnete, naturnahe Forstwirtschaft zu verbessern. Diesen Bemühungen verdanken wir heute unser einmaliges Naherholungsgebiet, das auch ein Denkmal der Natur- und der Kulturgeschichte Stuttgarts ist.

Die Wezeleiche am Königsweg.

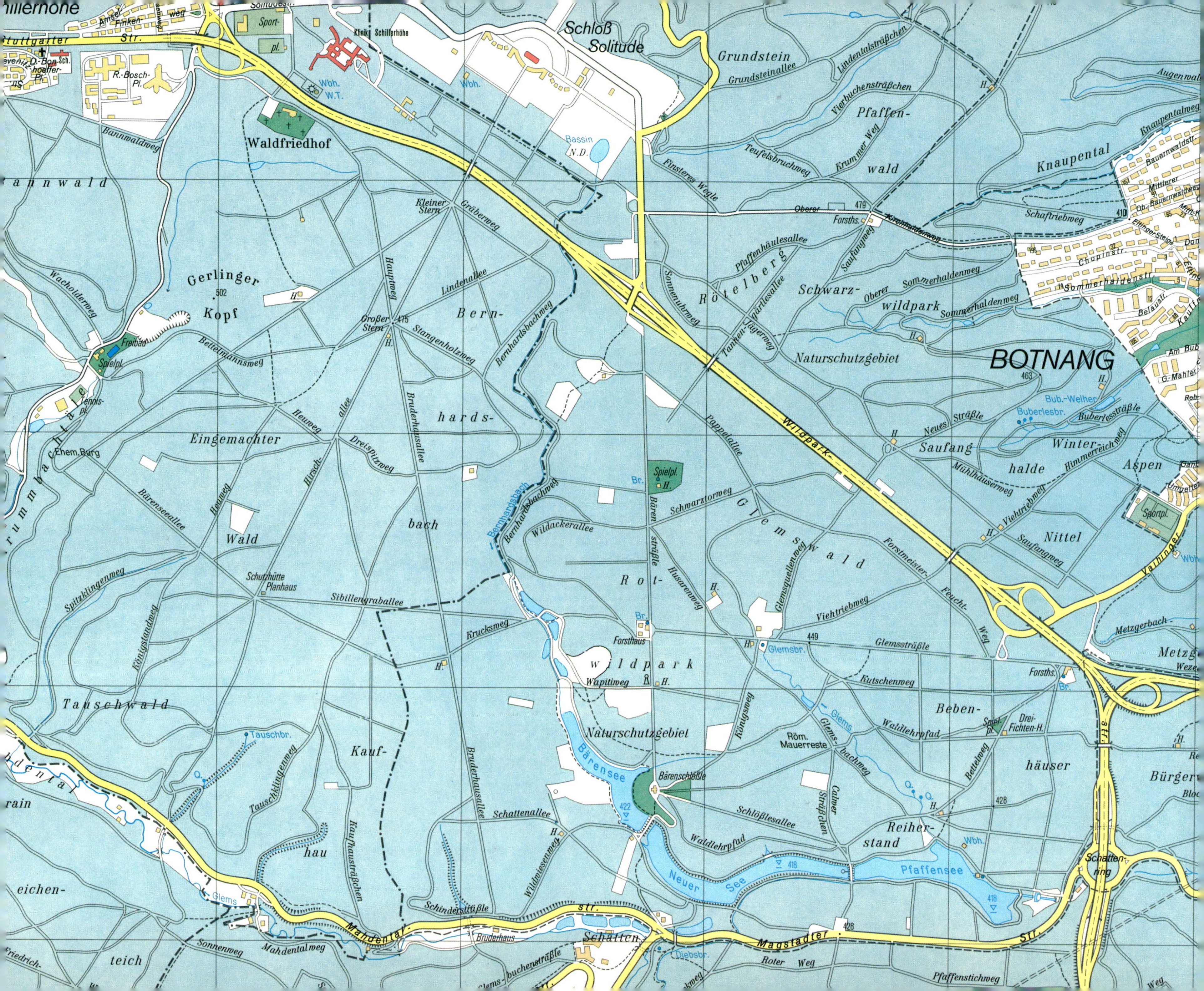

Schloß Solitude
Grundstein
Grundsteinallee
Lindentalsträßchen
Vierbuchensträßchen
Pfaffen-
wald
Teufelsbruchweg
Krummer Weg
Knaupental
Augenwald
Knaupentalweg
Bauernwaldstr.
Mittlerer
Ob. Bauernwaldweg
Schaftriebweg
Chopinstr.
Sommerhaldenstr.
Belaustr.
BOTNANG
Klinik Schillerhöhe
Sport-
pl.
Stuttgarter Str.
Amsel
Finken
weg
R.-Bosch-Pl.
Wbh. W.T.
Wbh.
Bassin N.D.
Waldfriedhof
Bannwaldweg
Finsteres Wegle
Oberer
Forsths.
479
Kräftleweg
Pfaffenhäulesallee
Saufangweg
Rötelberg
Schwarz-
wildpark
Oberer Sommerhaldenweg
Sommerhaldenweg
Naturschutzgebiet
Sommenuhrweg
Tannen-Jägerweg
Bürlesallee
Kleiner Stern
Gräberweg
Hauptweg
Lindenallee
Bern-
hards-
bach
Großer Stern
475
Stangenholzweg
Bernhardsbachweg
Gerlinger
Kopf
502
Wacholderweg
Freibad
Spielpl.
Bettelmannsweg
Tennis-pl.
Eingemachter
Wald
Heuweg
allee
Dreispitzweg
Bruderhausallee
Ehem. Burg
Bärenseeallee
Hirsch-
Spitzklingenweg
Schutzhütte Planhaus
Sibillengraballee
Königstandweg
Tauschwald
Tauschbr.
Tauschklingenweg
Kauf-
hau
Kaufhaussträßchen
Bruderhausallee
Schattenallee
Wildmiesenweg
Schindersträßle
Mahdentalstr.
Mahdentalweg
Sonnenweg
Glems
Bruderhaus
Schatten
Magstadter Str.
Roter Weg
Pfaffenstichweg
Glems-buchensträßle
Diebsbr.
Bernhardsbach
Bernhardsbachweg
Wildackerallee
Spielpl.
Br.
Bärenstraße
Schwarztorweg
Glemswald
Pappelallee
Wildpark-
Husarenweg
Rot-
wildpark
Krucksweg
Forsthaus
Wapitiweg
Glemsquellenweg
Viehtriebweg
449
Glemssträßle
Glemsbr.
Königsweg
Kutschenweg
Waldlehrpfad
Röm. Mauerreste
Glemsbachweg
Culmer Sträßchen
Bärensee
422
Bärenschlößle
Schlößlesallee
Waldlehrpfad
Neuer See
418
Pfaffensee
Reiher-
stand
Wbh.
Beben-
häuser
Bettelweg
Dreifichten-H.
Forstmeister-
Feucht-
Weg
Neues Sträßle
Saufang
Mühlhäuserweg
Buberlesbr.
Bub.-Weiher
Buberlesssträßle
Winter-
halde
Himmerreichweg
Aspen
Viehtriebweg
Nittel
Saufangweg
Sportpl.
Vaihinger
Metzgerbach
Forsths.
Schattenring
Bürger
463
428
Tauschwald
eichen-
teich
rain
Friedrich-
Rummbachtal
annwald

Beim Husarenweg: Eine junge Buche hat sich der Übermacht des dunklen Nadelwaldes gebeugt.

WALDLEBEN

In den Wäldern sind Dinge, über die nachzudenken man jahrelang im Moos liegen könnte.

FRANZ KAFKA

Die Lebensgemeinschaft Wald ist ein verzahntes System, dessen Elemente sich gegenseitig beeinflussen. Abhängig von Boden, Atmosphäre und Sonnenstrahlung haben nicht nur die Bäume Anteil an diesem Leben, sondern auch viele andere Pflanzenarten und Tiere. Jede Hand voll Walderde enthält unzählige Bakterien, Pilze und Insekten, die abgestorbene Äste, Blätter und Nadeln zersetzen und so lebensnotwendige Nährstoffe in den Boden zurückführen. Ohne diese Mikroorganismen würde der Wald an sich selbst ersticken.

Der sich selbst ernährende Baum ist ein Beispiel für die Schöpfungskraft der Natur. Ist es nicht erstaunlich, wie er über sein verzweigtes Wurzelwerk enorme Wassermengen ansaugt und sie, entgegen der Schwerkraft, in die höchste Krone befördert? Ein System von Kapillargefäßen, in denen dünne Wasserfäden durch Kohäsionskräfte von über 100 Atmosphären zusammengehalten werden, verbindet die Wurzeln über Stamm und Äste mit den Blättern, die wiederum Kohlendioxyd mit Hilfe der Photosynthese in Sauerstoff umwandeln – Teil der für uns angenehm frischen Waldluft.

In vielen Kulturen betrachten die Menschen Bäume als ihnen wesensgleich oder als Symbol für Wachstum und für die Verwandlung der Materie in das Geistige. Unsere Vorfahren, die in der Erde ruhen, sind unsere Wurzeln. Wir sind Stamm, unser Geist gleicht der bewegten Krone. Und beide, Mensch und Baum, kehren eines Tages zur Erde zurück, um Teil eines neuen Lebens zu werden.

Der Mensch gehört nicht zur Lebensgemeinschaft des Waldes, aber durch seine industrielle Lebensweise werden Wasser, Luft und Boden immer mehr mit Schadstoffen belastet. Konrad Lorenz sagte einmal: „Wir sind nur ein kleines Teilchen eines Ganzen, aber jeder hat eine unendlich große Verantwortung". Ein Aufruf an jeden von uns, mehr im Einklang mit der Natur zu leben.

Lärchen auf der Bärenschlößles-Wiese.

Baumpilze an einer gefallenen Buche.

Seite 17: Junge und gefallene Buche östlich der Damgarten-Wiese.

Hirsch im Rotwild-Gehege.

Seite 18: Mehrstämmige Buche im Frühling, westlich der Wildmeisterei.

Bruchstelle einer gefallenen Eiche.
Seite 20: Tautropfen auf Ulmenblatt und Gräsern.

ZEUGEN DER VERGANGENHEIT

Die Natur ist Feindin
ewiger Besitzungen.
Sie zerstört nach festen
Gesetzen
alle Zeichen des Eigentums.
Vertilgt alle Merkmale
der Formation.
Allen Geschlechtern gehört
die Erde;
jedes hat Anspruch auf alles.
NOVALIS

Auf Spuren, die in vergangene Jahrhunderte führen, die vom Leben in den Wäldern berichten und die uns teilnehmen lassen an fernen Ereignissen, auf solche Spuren trifft der Besucher des Rotwildparks auf Schritt und Tritt.

Die älteste Fundstelle, die vom Leben der einheimischen, keltischen Bewohner zeugt, ist das „Römische Haus", das 1926 durch Zufall entdeckt und teilweise ausgegraben wurde. Die Rekonstruktion der Grundmauern zeigt einen quadratischen Grundriß mit 26 m Seitenlänge. Vermutlich diente dieses Haus als Kultbau, errichtet etwa 200 n. Chr. im entlegenen Gebiet des Stubensandsteins.

Zwei verwitterte venezianische Steinlöwen am Fuße des Bärenschlößles erinnern an ein pompöses Schauspiel. 1767 brachte Herzog Karl Eugen aus Venedig zwei Gondoliere mit, für die er hier prachtvolle Gondeln bauen ließ. In der Dämmerung überquerten der Monarch und sein Gefolge darin den Bärensee, flankiert von einer Allee illuminierter Bögen und Pyramiden, die auf Flößen befestigt waren. Trotz aller Mühen: die Lagunenstadt wollte am Bärensee nicht auferstehen, und die Gondeln verrotteten im Magazin.

Kaum 100 m neben dem Bärenschlößle fällt in der Bärenklinge eine verliesartige Ruine auf, die oft als Bärenzwinger gedeutet wird. Sie entstand 1775 und war Schauplatz beliebter Schäferspiele, in denen das „idyllische" Leben der Hirten dargestellt wurde.

Der Hirschpavillon auf der Hirschwiese, der Glemspavillon am Glemsbrunnen und das Schießhaus auf der Damgartenwiese fügen sich harmonisch in den Wald ein. Sie dienten als Jagd- und Futterhäuser. Wegenamen wie Bettelweg, Königsweg, Gräberweg, Husaren- und Viehtriebweg weisen auf Begebenheiten hin, die mit diesem Wald verbunden sind. In den Archiven gibt es Quellen, die viele Spuren aufhellen, andere sind nur noch die Schatten vergangener Zeiten.

Der Glemsbrunnen.

Obere Damgarten-Wiese mit Schießhaus.

Venezianischer Löwe am Fuße des Bärenschlößles.

Hirschpavillon auf der Hirschwiese.

Die Grundmauern des „Römischen Hauses“.

Ruine in der Bärenklinge.

BAUM-MONUMENTE

Eine Welt ist jeder von euch,
wie die Sterne des Himmels
lebt ihr, jeder ein Gott,
in freiem Bunde zusammen.
FRIEDRICH HÖLDERLIN
aus „Die Eichbäume"

Charakteristisch für den Wald zwischen Solitude und Bärensee sind lichtdurchflutete Wälder mit Baum-Monumenten, die bis zu 450 Jahre alt sind. Ihr Anblick, Sinnbilder der Beständigkeit in Zeiten atemloser Hast, ist erhebend und tröstlich zugleich. Raum und Zeit waren notwendig, um diese Wesen, nur von Luft, Wasser und Sonnenenergie lebend, entstehen zu lassen. Im Weidewald und im Wildpark sorgten Tiere dafür, daß rund um die größeren Bäume kein Jungwuchs aufkam und so Raum für ihr Wachstum geschaffen wurde. Danach war es Sache der Förster, die Schönheit der alten, freistehenden Bäume zu pflegen, ihnen Licht und Luft zu geben. Aber Jahr für Jahr fordern Sturm und Blitzschlag, Schnee und Frost ihre Opfer unter den Alten.

Ein alter Baum, der als Naturdenkmal gepflegt wird, lebt auch nicht ewig. Die Blätter verlieren ihre Vitalität, die Krone stirbt ab. Schon vorher tritt oft die Stammfäule auf. Pilze zersetzen das Holz des Stammes, bis nur noch ein dünner Ring aus Rinde, Kambium und Holz die mächtige Krone stützt. Besitzt die Baumruine genug Schönheit und Erinnerungswert, ohne die Waldbesucher zu gefährden, wird man versuchen sie zu erhalten. Sonst ist ein schnelles Ende durch die Säge unvermeidbar.

Sehenswerte Baum-Monumente sind die 16stämmige Buche in der Nähe des Schattentores, die Adler-Eiche am Pfaffensee und die hohen Forchen und Lärchen am Bärenschlößle. Aber der Naturfreund kann im Rotwildpark ungezählte andere Bäume entdecken, die durch ihre markante Gestalt hervorragen.

Alte Bäume wurden in frühen Kulturen verehrt und als Heiligtum betrachtet. Sie, die Jahrhunderte überdauert haben, erzählen von Hirten und Fürsten, vom Glück der Liebenden, vom Leid der Einsamen, von Adlern, Hirschen und seltenen Farnen, die alle verschwunden sind – aber dennoch in den Bäumen weiterleben.

Baum-Fragment auf der Waldwiese (1982).

Gefällte Eiche auf der Pappelgartenwiese (Sept. 1977), heute eine beliebte Spiel-Skulptur.

Seite 29: Blick aus dem Innern der 16 Buchen.

Nach einem Wintersturm östlich der Damgarten-Wiese.

Seite 30: Die mächtige Oberförster-Busch-Buche ist 1983 auseinandergebrochen.

Eiche am Waldrand bei der Schattenallee.

Die 16 Buchen in der Nähe des Schattentores.

AUSSICHT MIT SEEBLICK

Ein See ist die schönste und ausdruckvollste Besonderheit einer Landschaft. Er ist ein Auge der Erde.
HENRY D. THOREAU

Die Seen des Rotwildparks stehen in reizvollem Gegensatz zu der urigen Waldlandschaft ringsum. Wie in einem Spiegel reflektieren sich bei Windstille die Uferbäume im Wasser. Ein Windhauch, eine vorüberziehende Entenschar genügt und schon verwandelt sich dieses Bild in das auf dem Kopf stehende Gemälde eines Impressionisten. Sonne und Wind beleben die Oberflächen, werfen silberne Schauer darüber, spiegeln die Wolken oder geben den Blick frei auf den ockerfarbenen Grund.

Schon im Jahre 1566 ließ Herzog Christoph die sumpfigen Pfaffenwiesen am Glemsbach aufstauen, um die Mühlen im Nesenbachtal über einen unterirdischen Stollen mit mehr Wasser zu versorgen. 1618 entstand der Bärensee, als unter Herzog Johann Friedrich der Bernhardsbach aufgestaut und dessen Wasser dem Pfaffensee zugeleitet wurde. Erst in den Jahren 1826 – 1833 schloß sich die Lücke zwischen den beiden Seen. Stadt und Staat legten den Neuen See an, um die Trinkwasserversorgung von Stuttgart auszubauen.

Die Seen bilden ein schmales, fast 3 km langes Gewässer, das nur durch zwei Fahrdämme unterbrochen ist. Die leicht erreichbaren Uferwege sind ein bevorzugtes Ziel der Besucher. Nicht weniger reizvoll sind 5 kleine Weiher, die dem Bärensee in Richtung Bernhardsbach vorgelagert sind. Hier lassen sich noch manchmal Graureiher sehen. Meist sind es aber die zahlreichen Wildenten, die Leben auf die Wasserflächen bringen. Der Erpel mit der schillernd blau-grünen Zeichnung der Stockenten am Kopf, Madame in zeitlosem Graubraun. Auch Bläß- und Teichhühner sind zu beobachten und dazwischen, würdevoll, der Höckerschwan. Der Fischbestand der Parkseen soll vielfältig sein: Hecht, Schleie, Barsch und Karpfen, auch Aal und Flußkrebse. Aber davon wissen die ausdauernden Angler mehr zu berichten.

Ein Sommertag am Bärensee.

Seite: 35 Herbst-Impression am Bärensee.

Eine alte Forche, deren Äste alle der lichten Seeseite zugewandt sind, hat sich in den Pfaffensee geneigt.

März 1994: Blick von den Terassen des Bärenschlößles auf den Bärensee.

Uferbäume spiegeln sich im Pfaffensee.

Herbst am Glemsweiher.

GEHEN DURCH DIE JAHRESZEITEN

Wohl ist alles in der Natur
Wechsel,
aber hinter dem Wechselnden
ruht ein Ewiges.
GOETHE

Die Jahreszeiten führen uns das Werden und Vergehen der Natur vor Augen, und wir erleben den Wechsel als Metapher der Erneuerung. Im Rotwildpark schenkt uns dieser Wechsel aber auch eine Fülle sinnlicher Eindrücke, die durch unterschiedliche Witterungen und das sich wandelnde Licht des Tages bereichert, jeden Spaziergang zu einem Erlebnis werden lassen.

Des Winters Abschied: Noch steht die Sonne flach über den glitzernden Seen, aber sie gewinnt täglich an Stärke. Letzte Schneereste verschmelzen mit der Erde. Am Bach lösen sich marmorierte Eisränder unter unwilligem Knirschen auf ... Ein erster warmer Frühlingstag lockt Gäste in den lichten Wald, läßt aufatmen nach kühlen, regnerischen Wochen. Überall drängt Leben ans Licht. Kastanienblätter brechen hervor, Wildkirschen blühen auf, am Boden grünen Moose, Gräser, Anemonen, und selbst ein Graupelschauer kann uns nicht vertreiben. Nach und nach sprießt frisches Grün in unzähligen Nuancen an den Zweigen, und transparentes Licht erhellt unseren Weg ... Monate später, ein heißer Tag im Juli: Kühle Luft erfrischt uns unter dem dichten Blätterdach, das nur vereinzelt Sonnenstrahlen zu uns läßt, Lichtinseln, die einen angenehmen Halbschatten schaffen. Es ist ruhig um uns – und ruhig in uns. Hoch am Himmel ein Kondensstreifen; vielleicht Fernreisende in Richtung Übersee? Hier im Wald vor der Stadt kann jeder auf seine Weise Ruhe und Erholung finden: auf einer Waldwiese, am Rande eines Sees oder im Schatten der Alleen ... Ein Tag mit rauher Luft gibt Zeichen für den Beginn des Herbstes, der Zeit der Reife. Kastanien, Eichen und Buchen werfen ihre Früchte ab. Sonnenlicht erhellt den Wald goldbraun, leuchtend gelb und glühend rot – bis der Herbststurm durch die Kronen fegt und die Pracht lichtet. Immer mehr Farben verblassen und eines Novembertags geben kahle Baumsilhouetten überraschende Durchblicke frei, die das Laub verborgen hielt ... Der erste Schnee zieht Formen unscheinbarer Dinge nach, hebt hervor, was das Auge übersah. Unsere Schritte hinterlassen flüchtige Spuren auf dem verschneiten Waldboden, in dem kommendes Leben keimt.

Gehend durch die Jahreszeiten erfreut uns die Natur mit dem Schauspiel der ewigen Schöpfung. Und ist es nicht ein Trost, ein Teil von ihr zu sein?

Winterwald zwischen dem Parkplatz am Solitude-Tor und der Damgarten-Wiese.

Eine der steilen Klingen, die zum Mahdental hin abfallen.

Diese Aufnahme entstand Wochen später vom gleichen Standort aus.

Eisschmelze an einem kleinen Weiher nördlich des Bärensees.

Im Gebiet Drei Fichten: Der Wintersturm „Lore"
hat Anfang 1994 den Buchenbestand gelichtet.

Ein Graupelschauer geht über dem kahlen
Wald westlich der Wildmeisterei nieder –

… eine Viertelstunde später hat die Sonne wieder gesiegt (April 1994).

Untere Damgarten-Wiese April 1981.
Seite 48: Frühling im Wald nördlich der Bärenklinge.

Waldrand mit Eiche an der Schattenallee.

Seite 51: Buchen in der Nähe der Damgarten-Wiese.

Überhängende Bäume am Nordufer des Neuen Sees.

Baum-Fragment an der Glems in der Nähe des „Römischen Hauses“.

Untere Damgarten-Wiese Juni 1981.

Esparsetten blühen an einem Wegrain.

Seite 56 und 57: Spiegelungen und Reflexe am Nordufer des Pfaffensees.

Seite 58 und 59: Herbstliche Impressionen
am Kreuzungspunkt Bärensträßle,
Husarenweg, Schwarztorweg.

Farbspiel mit Schwertfarn.

Herbstfärbung einer jungen Roteiche.

Seite 62: Herbstwald beim Calwer Sträßchen.

Blätter bedecken die Oberfläche eines kleinen
Weihers im Bernhardsbachtal …

… und Uferbäume spiegeln sich im stillen Wasser.

Seite 66: Eichen am Nordufer des Pfaffensees,
Nähe Reiherstand.

Alte Buchen im Morgenlicht.

Nach einem Herbstregen.

Novemberwald zwischen oberer und unterer Damgarten-Wiese.

Abendstimmung: Blick von der Schattenallee in Richtung Büsnau.

Seite 72: Morgenlicht beim Solitude-Tor.

Winterliches Mahdental.

Dünne Eisschicht auf einem Weiher nördlich des Bärensees.

Winterwald im Gebiet Kaufhau.

Schneebedeckte Eiche vor einem klaren Winterhimmel.

Seite 78: Winterabend auf der unteren Damgarten-Wiese 1982. Die herrliche Buche und der Fichtenwald sind dem Orkan „Wiebke“ im Februar 1990 zum Opfer gefallen.

DER AUTOR…

Gary Duszynski geboren 1941 in Karlsbad (Karlovy Vary)

Dieser kleine Bildband ist nicht nur eine Liebeserklärung an den wunderbaren Wald westlich von Stuttgart, sondern auch ein Dokument für die Vielfalt der Natur, die ich dem Betrachter als sinnliches Erlebnis näher bringen möchte.

Die Aufnahmen für dieses Buch entstanden bei Spaziergängen, die mich im Laufe von über 20 Jahren durch dieses Gebiet führten. 2 Jahrzehnte sind für einen Wald keine Zeit, trotzdem sind Veränderungen unübersehbar: Stürme entwurzelten „alte Bekannte“ und schlugen ganze Schneisen in die Nadelwälder. Waldschäden ließen sich immer deutlicher ablesen, und die Zahl der Fitness-Aktivisten per pedes und per Mountainbikes nahm zu. Zum Glück ist die Beliebtheit des Rotwildparks bei Spaziergängern und Wandergruppen, bei jung und alt, ungebrochen.

Für mich sind besonders die langsamen Vorgänge in der Natur bedeutsam, das Werden und Vergehen der Vegetation oder das charakteristische Licht der Jahreszeiten. Jede Aufnahme hält einen unwiederholbaren Augenblick fest, ist ein Geschenk der Natur. Viele meiner Bilder lassen sich heute nicht mehr eindeutig orten, aber jeder kann eigene, neue Motive in großer Zahl entdekken. Das wird bei einem gemächlichen Spaziergang viel eher der Fall sein, als bei einer schnellen Fahrt mit dem Rad.

Einige Bemerkungen zur Technik: Sämtliche Aufnahmen wurden mit Kleinbildkameras und Objektiven mit 24, 35, 55, 105 und 200 mm Brennweite durchgeführt. Ein Stativ verwende ich sehr selten, auch keine Filter oder Vorsätze mit Ausnahme eines Polarisations-Filters. Als Aufnahmematerial dienten Diafilme der Typen Kodachrome 25 und 64, sowie Fujichrome Velvia.

Im Wald, in der Welt der Bäume, Pflanzen und Tiere, suchen viele Menschen Ruhe und Erholung von der Unrast des Alltags. Andere Gäste wollen Rad fahren, joggen oder reiten. Hier ist gegenseitige Rücksichtnahme unverzichtbar, damit den Besuchern der Wald als Naturerlebnis erhalten bleibt.

Seite 80: Verschneite Baumstümpfe am Bernhardsbach.

DER ROTWILDPARK HEUTE

von Forstdirektor Fritz Oechßler

„Landschaftlich gehört Stuttgarts Lage wohl zu den bevorzugtesten Städtelagen Deutschlands. Das unebene Gelände, auf dem die Stadt ruht, erschwert wohl den Verkehr, schafft aber eine Fülle malerischer Reize. Vor allem sind die reich- und feingegliederten Bergeshalden, die sich fast allseitig um die Stadt aufbauen, überall so nahe, daß das Auge auf dem Grün der Rebenhügel und des Waldkranzes, der sie bekrönt, ausruhen kann." So heißt es 1904 in der Landesbeschreibung des Königreichs Württemberg.

Stuttgart wurde schon damals als Stadt zwischen Wald und Reben bezeichnet. 23% der Markungsfläche sind bewaldet. Ein Blick vom Fernsehturm zeigt aber, daß der Wald sehr ungleich verteilt ist. Im Osten berührt nur der Vordere Schurwald das Stadtgebiet. Die Filder im Süden und die Gäuflächen im Norden sind sehr waldarm. Im Westen dagegen liegt Stuttgarts größtes Waldgebiet, der Glemswald, der nördliche Ausläufer des Schönbuches. Vom Waldrand im Westen der Stadt kann man durch ein geschlossenes Waldgebiet bis nach Tübingen gehen, ohne den Wald verlassen zu müssen. Im Herzen des Glemswaldes, nur 2 Kilometer westlich des Kesselrandes am Hasenberg, liegt der Rotwildpark. Er ist 472 Hektar groß und ist der bekannteste Wald Stuttgarts. Es gibt wohl keine Schulklasse, die nicht mindestens ein Mal ihren Ausflug durch den Rotwildpark zum Bärenschlößle machte.

Der Rotwildpark stockt auf dem Plateau des Stubensandsteins, in den die Obere Glems und der Bernhardsbach flache Mulden hineingefressen haben. In den Mulden wachsen die naturnahen Bach-Eschenwälder aus Esche, den Ahornarten, Ulmen, Pappeln und Erlen. Dazu kommen noch weitere Laubmischbaumarten. Die Ebenen werden zum einen durch die Buchen-, Eichen- und Weißbuchenwälder und die nadelholzreichen Mischwälder geprägt.

Die bis zu 300 Jahre alten Buchen und 450 Jahre alten Eichen haben eine abwechslungsreiche Geschichte hinter sich. Wie alle Wälder in unserem Land, die in einer relativ dicht besiedelten Landschaft stehen, dienten sie jahrhundertelang der Waldweide. Daher wurden besonders masttragende Bäume wie Buchen und Eichen begünstigt. Das Laub wurde als Streu herausgerecht, was zu einer Verarmung der Böden führte. Außerdem wurde das Holz für Brennzwecke und als

Seite 82: Buchen-, Eichen- und Birkenbestand nördlich der Bärenklinge.

Bauholz genutzt. Diese Nutzung, die oftmals eine Übernutzung war, hinterließ sehr stammzahlarme Wälder. Durch starken Verbiß entstanden sehr buschige Baumformen, und die Böden waren vergrast. Von diesen Besonderheiten berichtete Goethe auf seiner Reise nach Italien.

Zu Beginn einer modernen Forstwirtschaft, die dem Nachhaltigkeitsbegriff verpflichtet ist – ab dem 19. Jahrhundert – galt es, diese Wälder aufzuwerten, was damals nur durch den Anbau von Nadelbäumen möglich war.

Im Rotwildpark ging der Verbiß weiter, denn von 1762 bis 1790 („Damgarten") und im 19. Jahrhundert ab 1815 bis zum Ende des 1. Weltkriegs wurde dort Rotwild in großer Zahl gehalten und gejagt. Der Wildbestand war für dieses Gebiet viel zu hoch, und der Verbiß durch die Tiere trug zur besonderen Charakteristik der Weidewälder bei, die uns bis heute erhalten geblieben sind.

Die immergrünen Nadelbäume kommen von Haus aus im Rotwildpark nicht vor. Erste Nadelholzanbauten stammen aus den Jahren 1780 bis 1790. Am Bärenschlößle wurden Forchen, Lärchen und Fichten gepflanzt, die heute noch dort zu bewundern sind. Die militärische Pflanzschule Herzog Karl Eugens auf der Solitude, die spätere Hohe Karlsschule, hatte eine Forstabteilung, deren Baumschule bei der Schillerhöhe lag. Es ist anzunehmen, daß dort die Nadelhölzer zunächst angezogen wurden. Später wurden Fichtenbestände als Wildeinstände im Jagdwald begründet. Am Gerlinger Tor steht ein heute 100jähriger Douglasienbestand mit Tannen-, Zwischen- und Unterstand, der mit seinen nahezu 50 Meter hohen Stämmen ein besonderer Reiz der Landschaft ist. Der Rotwildpark ist auch heute noch überwiegend ein Laubwald, aber die grünen Augen der immergrünen Nadelbäume wirken sehr belebend im winterkahlen Wald.

Mit Ausnahme von 3 Wegen durfte der Rotwildpark bis zum Jahr 1918 nicht betreten werden. Erst nach seiner Öffnung entdeckten die Stuttgarter die Schönheiten dieses Waldes: die mächtigen Buchen und Eichen, die Seen, Wiesen, die zum Rasten und zum Liegen einladen und das Vesper im Waldcafe der Wildmeisterei. Der Besucheransturm hinterließ jedoch seine Spuren im Wald. Früher sollen viele seltene Pflanzen vorgekommen sein, z.B. die sibirische

Buchen beim Glemsbrunnen.

Schwertlilie oder das Tausendgüldenkraut. Diese Pflanzen haben die Sammelwut der Besucher nicht überstanden und sind verschwunden. Geblieben ist die Beliebtheit des Waldes. 3,5 Millionen Waldbesucher entspannen und erholen sich jetzt jedes Jahr im Stuttgarter Wald – viele davon im Rotwildpark. Das Bärenschlößle mit seiner Imbißstube, das nicht mit dem Auto angefahren werden kann, ist wohl der attraktivste Zielpunkt. Während der ganzen Woche gibt es dorthin aus allen Richtungen Sternwanderungen von vielen Rentnerinnen und Rentnern. Dazu kommen an den Sonntagen im Sommerhalbjahr Waldfeste der Stuttgarter Vereine auf der Bärenschlößle-Wiese. Dort trifft sich halb Stuttgart.

Bei Befragungen wurde ermittelt, daß sehr viele Waldbesucher nicht allein und ziellos im Wald spazierengehen wollen, sondern den Naturgenuß in der Geselligkeit wünschen. Es wurden daher Erholungsachsen geplant, die von den Waldeingängen, von Parkplätzen und von Haltestellen der Busse zu zentralen Zielpunkten wie Wildgehegen, Spiel-, Rast- und Grillplätzen oder zum Bärenschlößle führen. Entlang dieser Erholungsachsen wurden weitere Einrichtungen wie Bänke, Bankgruppen, Rastplätze usw. perlschnurartig angelegt, die von den meisten Waldspaziergängern genutzt werden. Eine dieser Erholungsachsen ist auch der Waldlehrpfad. Obwohl er schon 1963 eingerichtet wurde, wird er immer noch von interessierten Bürgern begangen, die sich ungestört über den Wald, die Tiere, die Landschaft und die Forstwirtschaft informieren wollen. Durch die lineare Erschließung des Erholungswaldes durch Erholungsachsen entstehen Bereiche, in denen der Genuß in der Geselligkeit möglich ist. Daneben befinden sich die Oasen der Ruhe.

Zur Erinnerung an die Jagdgeschichte, aber auch um das Beobachten von Wild zu

Spielplatz Pappelgartenwiese.

ermöglichen, wurde das Rotwildgehege eingerichtet. Nicht immer sieht man das gravitätische Rotwild auf den ersten Blick. Aber wenn man das Gehege umrundet und den Blick wie ein Jäger schweifen läßt, wird man die Tiere meistens entdecken.

Radfahren, das auf allen Wegen die breiter als 3 Meter sind erlaubt ist, erfreut sich zunehmender Beliebtheit.

Gelegentlich kommt es allerdings zu Auseinandersetzungen mit Fußgängern, besonders, wenn Radfahrer die verbotenen, schmäleren Waldwege befahren. Ansonsten sollten sich solche Konfrontationen bei gutem Willen auf beiden Seiten vermeiden lassen.

Zu den Erholungsmöglichkeiten im Wald gehört auch das Reiten. Zwar werden Reiter von Großstädtern gerne gesehen, es gibt aber immer wieder Waldbesucher, die eine zu nahe Berührung mit Pferden fürchten. Daher wurden Reitwege ausgeschildert, die meist parallel zu den Erholungsachsen verlaufen. Die Hubertusjagd des Reit- und Fahrvereins findet jedes Jahr am ersten Sonntag des Novembers statt. Der Ritt vom Bärenschlößle zum Schloß Solitude ist ein farbenfreudiges Ereignis im Herbstwald, das zahlreiche Zuschauer anlockt.

Warum ist es im Wald eigentlich so erholsam? Der Wald hat, wie die Meteorologen sagen, ein besonderes Behaglichkeitsklima. Die Temperaturunterschiede sind dort geringer als im Außenbereich, die Strahlung ist besonders im heißen Sommer gedämpft und die Luft ist, gegenüber der Stadtluft, staubarm. Außerdem nehmen Kurärzte an, daß die Waldluft in ihren Duftstoffen und ätherischen Ölen für den menschlichen Organismus wertvolle Beimengungen enthält, die

Rotwild im Gehege.

Stellen Sie sich eine 100 Jahre alte Buche vor, 20 m hoch und mit einem Kronendurchmesser von etwa 12 m. Sie hat 120 m² Standfläche und ihre ca. 600.000 Blätter bilden eine Fläche von 1.200 m². Durch die Lufträume des Gewebes entsteht eine Zelloberfläche für den Gasaustausch von etwa 15.000 m², also 2 Fußballfelder. 9.400 Liter = 18 kg Kohlendioxid verarbeitet dieser Baum an einem Sonnentag. Bei einem Gehalt von 0,03 % Kohlendioxid in der Luft müssen dabei 36.000 m³ Luft durch diese Blätter strömen. Bakterien, Pilzsporen, Stäube sowie andere Schadstoffe bleiben bei diesem Vorgang im Blatt hängen. Gleichzeitig wird die Luft angefeuchtet, denn ca. 400 l Wasser verbraucht und verdunstet der Baum an demselben Tag. Die 13 kg Sauerstoff, die dabei vom Baum durch die Photosynthese gebildet werden, decken den Bedarf von etwa 10 Menschen.

man als Duftvitamine bezeichnet. Die Ruhe des Waldes und dieses spezielle Klima ist besonders für gesundheitlich labile Menschen, zumeist solche, die an Kreislauferkrankungen leiden, wertvoll. Aber auch bei Erkrankungen der Atemorgane soll das Waldklima günstig sein. Allein die Bewegung in der Waldluft ist eines der wirksamsten Mittel gegen die Zivilisationsschäden. Nach Ansicht mancher Ärzte ersetzt der Wald viele sehr teure Krankenhausbetten und ist damit eine der kostengünstigsten Erholungseinrichtungen. Die gute Luft können allerdings nicht nur die Waldbesucher genießen. Der Stuttgarter Wald ist eine Lunge für die Stadt. Untersuchungen der Klimatologen haben dies deutlich gemacht.

Stuttgart liegt in einer Landschaft geringer Windgeschwindigkeit. Schwache Winde bedeuten eine geringe Abdrift der Schadstoffe, eine unzureichende Ventilation der bebauten Stadtgebiete und ein schlechtes Behaglichkeitsklima. Die Stadt ist stets wärmer als der Wald. Durch die unterschiedlichen Temperaturen entstehen lokale Luftzirkulationen, die man Flurwind oder ›country-breeze‹ nennt. Ein besonders wichtiges Frischluftentstehungsgebiet ist der Rotwildpark. In

der flachen Mulde des Oberen Glemstales entsteht besonders viel Frischluft, die über die Heidenklinge in das Nesenbachtal abfließt (Kaltentaler und Heslacher Wind). Dies haben Windmessungen und infrarotthermographische Aufnahmen gezeigt. Die stufig aufgebauten Parkwälder mit großkronigen alten Bäumen und reichlich Zwischen- und Unterstand und daneben gut durchforstete nadelholzreiche Mischbestände haben rauhe Kronenoberflächen, in denen die Luft zerwirbelt wird. Anschließend sickert die Stadtluft durch den Wald, der mit seinen Bäumen , Ästen und Blättern mit Sträuchern und Bodenpflanzen, aber auch mit dem Reisig auf dem Boden wie ein Filter wirkt. Je größer und geschlossener ein Waldgebiet ist,

Eichen auf der Bärenkopf-Wiese.

desto besser ist diese Filterwirkung. Sind wir daher froh, daß wir mit dem Glemswald und dem Rotwildpark als Zentrum im Westen der Stadt ein geschlossenes Waldgebiet haben. Jede Reduzierung dieser Waldfläche ist für die Stadt von großem Nachteil.

Da Stuttgart an der Bodensee-Wasserversorgung angeschlossen ist, gibt es im Augenblick keine akuten Versorgungsprobleme. Für Notfälle sind die 3 Trinkwasserseen im Rotwildpark, der Bärensee, der Pfaffensee und der Neue See, aus denen im Verbund mit dem Katzenbachsee und dem Steinbachsee im Durchschnitt jährlich 1,6 Millionen Kubikmeter Trinkwasser entnommen werden können, wichtig. Der Rotwildpark ist daher auch als Wasserschutzgebiet ausgewiesen.

Die Waldböden entstanden in vielen Hunderten von Jahren. Abgestorbene Wurzeln und Bodentiere schufen Hohlräume, in denen bei Niederschlägen das Wasser gespeichert wird und von dort entweder in Quellen wieder zu Tage tritt oder das Grundwasser speist. Während im offenen Gelände bei starken Niederschlägen Wasser teilweise oberflächlich schnell abläuft und der Trinkwasserversorgung verloren geht, ist dies im Wald selten der Fall. Bei der Versickerung wirkt der Boden als Filter, das Wasser wird gleichzeitig gereinigt und mit Sauerstoff angereichert. Zudem ist die Gefahr einer Verschmutzung im Wald gering. Das dort gewonnene Wasser ist daher sehr gut und auch die Wasserqualität der Weiher und Bäche ist hervorragend. Als gesuchte Fischgewässer sind die Parkseen, die Glems und die Fischzuchtanlage im Schattengrund an den Württembergischen Anglerverein verpachtet und kommen daher einem großen Kreis von Sportfischern zugute.

Besonders schöne Beispiele von Resten der alten Weidewälder kann man am Bärenkopf, nördlich vom Bärenschlößle und im Damgarten, neben dem Schießhaus, in der Nähe des ehemaligen Forsthauses II bewundern. Dort leben seltene Vogelarten wie Schwarzspecht, Hohltaube und Waldkauz, aber auch Baummarder, Siebenschläfer u. a. haben dort ihre Heimstatt. Viele Insekten leben in den morschen Baumteilen. Es war daher folgerichtig, daß 1939 der Rotwildpark zum Naturschutzgebiet erklärt wurde. Ziel dieser Maßnahme war nicht etwa, unberührte Natur zu erhalten und den Wald sich selbst zu überlassen oder der Einwirkung

des Menschen zu entziehen, was ja in der Nähe einer Großstadt gar nicht möglich gewesen wäre, sondern der alte Weidewald sollte erhalten und neuer Wald begründet werden. Die alten Bäume erreichen allmählich ihr physisches Ende. Jedes Jahr brechen alte Baumriesen zusammen und verschwinden. Markante Bäume wie die Glemsbuche, die Buschbuche, die Schöne Buche u. a. sind in den Wanderkarten noch vermerkt, aber es gibt sie nicht mehr. Neuen Weidewald zu begründen ist nicht einfach, weil das Weidevieh und das Rotwild fehlen, die mit ihrem Verbiß das besondere Waldbild geschaffen haben. Die etwa 100 Rehe im Rotwildpark sind dazu nicht in der Lage.

Die Naturschutzverordnung bestimmt, daß die Forstverwaltung gezielt eingreifen muß, damit schon im jungen Wald mit Axt und Säge der Verbiß nachgeahmt und die großkronigen Solitäre nachgezogen werden. Ein vom Menschen geschaffener Weidewald kann nur durch den Einfluß des Menschen erhalten werden.

Auch in den Mischwäldern des Rotwildparks ist Waldpflege notwendig. Ob man will oder nicht, jedes Jahr wächst an jedem Baum ein neuer Jahresring. Die Bäume werden dicker und größer, und je größer und älter ein Baum wird, desto mehr Platz braucht er für seine Baumkrone und seine Wurzeln. Während in der Jugend 15.000 bis 20.000 Bäumchen auf 1 Hektar stehen, stokken in einem alten Wald nur noch 300 bis 500 Bäume auf derselben Fläche. Würde man diese Stammzahlverminderung der Natur selbst überlassen, erfolgte dies in einem gnadenlosen Kampf untereinander, aus dem alle Bestandesglieder geschwächt hervorgingen. Im bewirtschafteten Wald wird dies durch regelmäßig wiederkehrende Eingriffe erreicht, wobei stets die besseren, wertvolleren und ökologisch wichtigen Bäume begünstigt werden. Sobald die Bäume sich dem physischen Ende nähern, wird der Wald verjüngt. Dies erfolgt in der Regel durch natürliche Verjüngung, d.h. die jungen Bäume entstehen aus Samen, die von den alten Bäumen herunterfallen. Falls notwendig, werden die Mischbaumarten, z.B. Forchen und Eichen, gepflanzt. Im Erholungswald gilt bei der Pflege das Augenmerk entlang der Erholungsachsen den markanten Einzelbäumen. Im Klimawald wird darauf geachtet, daß sowohl die Stufigkeit als auch die rauhen Kronenoberflächen erhalten bleiben. Im

Linde beim Krucksweg.

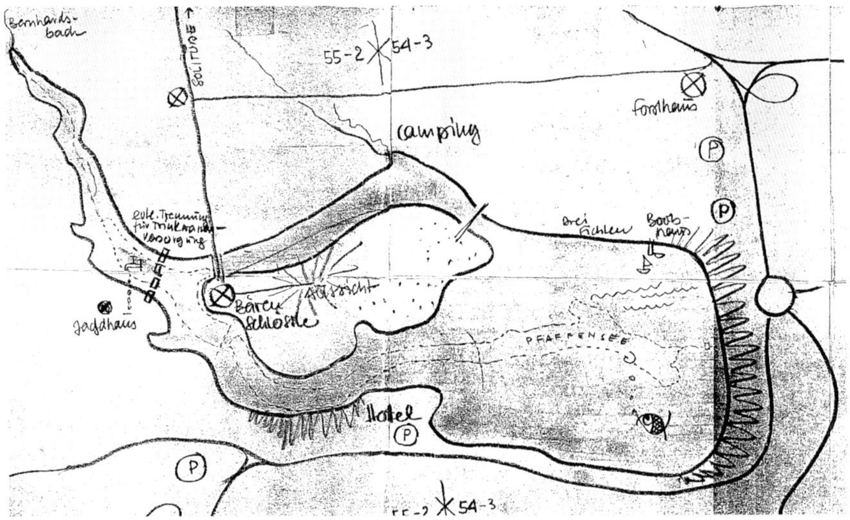

ungepflegten Wald würden sowohl die Stufigkeit als auch die rauhen Kronenoberflächen verlorengehen und die Luft würde über dem Kronendach abfließen, ohne im Wald gereinigt worden zu sein.

Bei der Waldpflege wird Holz eingeschlagen, das außerordentlich umweltfreundlich mit Einsatz von Sonnenenergie produziert wird. Im Rotwildpark sind dies jedes Jahr etwa 3.000 Kubikmeter Holz. Die Ausgaben für die Waldpflege können auch heute noch, obwohl die Preise für das Holz schlecht sind, zum großen Teil aus dem Verkauf des Holzes gedeckt werden.

Der Rotwildpark ist für Stuttgart und seine Bürger von existentieller Bedeutung. Man sollte eigentlich meinen, daß ihm keine Gefahr droht. Trotzdem werfen immer wieder Planer begehrliche Blicke auf diesen Wald. Nach dem letzten Krieg gab es Pläne von Professor Lutz Heck, anstelle der Wilhelma einen großen Wildpark zwischen Hasenberg und Bärenschlößle einzurichten. 1960 wurde im Planungsamt der Stadt geplant, die Parkseen anzustauen und 1/4 des Rotwildparks zu überfluten. Auf der Restfläche waren ein Campingplatz und ein Hotel vorgesehen. 1969 wurde die völlig überdimensionierte Wildparkstraße in den Rotwildpark hineingebaut.

Schäden gehen von den Waldrändern aus. Im Rotwildpark bekamen Fichten – 200 Meter von der Wildparkstraße entfernt – rote Nadeln und starben ab. Die chemische Analyse der Nadeln ergab einen hohen Salzgehalt. Die Ursache: Salzwasser sickerte durch wasserdurchlässige Schichten, bis es auf die wasserstauende Schicht stieß. Wo diese Schicht an der Bodenoberfläche auskeilte, standen die Fichten. Die Versalzung hat aber

auch weitere negative Folgen: die Krümelstruktur des Bodens schwindet, der Boden wird schmierig, der Luft- und Wasserhaushalt im Wurzelbereich verschlechtert sich, und im Laufe der Zeit werden andere, weniger empfindliche Baumarten – wie die Laubbaumhölzer – ebenfalls geschädigt. Punktuell stirbt der Wald ab. Es entstehen Löcher im Wald, in denen dem Sturm Angriffsflächen geboten werden, und von solchen kleinen Wunden können große Sturmwürfe ausgehen. Das Forstamt drängt daher schon seit Jahren, die Straßenentwässerung zu verbessern, um das Wasserschutzgebiet zu schützen.

Die seit 1980 beobachteten Waldschäden sind auch im Rotwildpark festzustellen. Bei den Nadelbäumen sterben die Nadeln früher ab, sie werden schütter. Auch die Buchen und Eichen haben geringe Blattmassen. An Beobachtungsflächen im Stuttgarter Wald stellte man fest, daß die Blattmasse bei Buchen zwischen 1983 und 1989 um 30 % abgenommen hat. Diese Beobachtungen konnten nicht fortgeführt werden, da der Orkan „Wiebke“ 1990 die Flächen umgeworfen hat. Im Rotwildpark sind von diesen Waldschäden besonders die alten Bäume und Eichen betroffen.

Man weiß heute, daß die Ursachen für diese Waldschäden sehr komplex sind. Zum Beispiel kann das Klima die Bäume schädigen: durch extreme Trockenheit im Sommer oder zu warme Winter, wenn noch im Saft stehende Bäume unter kurzfristigen Frostperioden leiden. Infolge einer von den Meteorologen schon vorhergesagten Erwarmung werden Entwicklungszyklen von Schädlingen kürzer, und es gibt mehr Generationen pro Jahr und eine entsprechende

Buchen östlich der Wildmeisterei.

explosionsartige Vermehrung dieser Schädlinge. Dazu treten Schäden von Insekten auf, die früher völlig unbedeutend waren, z. B. durch den Eichenprachtkäfer.

Unbestritten ist allerdings, daß die Luftschadstoffe an diesen Waldschäden entscheidend beteiligt sind. Dies gilt insbesondere für das NOx, das zu 60 % durch den Kraftfahrzeugverkehr produziert wird.

Zunächst fördert Stickstoff als saurer Dünger sogar das Wachstum des Waldes. Allerdings haben davon die oberirdischen Teile des Baumes (der Sproß) mehr Nutzen als die Wurzel. Dadurch werden die Bäume labiler und anfälliger gegen Stürme. Stickstoff wirkt sich auch negativ auf den Organismus der Waldböden und die Bodenstruktur aus. Unter anderem werden die Mykorrhizapilze geschädigt, die für das Wachstum von Buchen und Eichen besonders wichtig sind. Die Folge davon ist eine Verschiebung des Baumartenspektrums, d. h. Bäume, die nicht auf die Mykorrhizapilze angewiesen sind, z. B. die Ahornarten, werden begünstigt. Auch die Vielfalt der Bodenpflanzen verringert sich: stickstoffliebende Arten nehmen überhand. Durch die Einwirkung des Sonnenlichtes wird Stickstoff außerdem in Ozon umgewandelt, und dieses Ozon, in Verbindung mit saurem Regen (Schwefeldioxyd und Stickoxyde in Wasser gelöst), schädigt die Nadeln und Blätter der Bäume und der Pflanzen. Insgesamt stellt man fest, daß durch diese Luftschadstoffe das Gleichgewicht der Natur gestört wird.

Besondere Sorge bereitet die von den Meteorologen diagnostizierte Klimaveränderung, eine Erwärmung der Atmosphäre, die in absehbarer Zeit erfolgen soll. Erste Auswirkungen sind die Zunahme der Sturmstärken. Ende Februar 1990 raste der Orkan „Wiebke“ über unser Land. Es war der stärkste Orkan, der jemals in Mitteleuropa aufgezeigt wurde. Auf „Wiebke“ folgten 1992 „Lea“, 1994 „Lore“, und weitere

Hainbuche östlich der Bärenkopf-Wiese.

Das Bärenschlößle nach einer Brandstiftung – November 1994.

Stürme wurden vorhergesagt. Allein im Rotwildpark fielen diesen Naturkatastrophen 12.000 Bäume zum Opfer. Bei der Wiederbewaldung der entstandenen Kahlflächen wurden Baumarten ausgewählt, die etwas höhere Temperaturen ertragen, z.B. Forchen und Eichen. Ob allerdings bei hohen Temperaturen unsere Wälder noch Überlebenschancen haben, ist fraglich. Für eine Anpassung der Natur dürften nicht 50 oder 100 Jahre, es müßten mindestens 10.000 Jahre zur Verfügung stehen.

Die Klimaveränderung wird allerdings vom Menschen verursacht. Verantwortlich für die starke Zunahme von Kohlendioxyd in der Atmosphäre ist u.a. die Verbrennung von fossilen Brennstoffen. Eine Voraussetzung, den Wald zu retten, wäre eine drastische Minderung bei der Verbrennung dieser fossilen Brennstoffe, insbesondere in den Industrienationen. Dies setzt ein gesellschaftliches Umdenken und wohl auch einen gewissen Konsumverzicht voraus. Ein Beitrag könnte geleistet werden, wenn weltweit alle Flächen aufgeforstet werden würden, die aus standortlichen, ökologischen und landschaftlichen Gründen geeignet sind. Jeder Kubikmeter Holz der wächst, bindet Kohlendioxyd (300 kg Kohlenstoff/cbm), das zuvor bei der Verbrennung von Öl und Kohle in die Luft abgegeben wurde und das bei der Assimilation in den Blättern aus der Luft entnommen wird. Dies setzt bei uns den Willen und in den Entwicklungsländern sicherlich auch soziale Veränderungen voraus. Es gibt aber in dieser Richtung hoffnungsvolle Ansätze. Ohne massive finanzielle Unterstützung der Industrieländer geht es allerdings nicht. Aber auch die Holzproduktion im Rotwildpark ist ein Mosaik-

Sturmschäden in der Nähe des „Römischen Hauses“.

Baum-Monumente beim Wapitiweg.

steinchen auf dem Weg, die ökologische Katastrophe vielleicht aufzuhalten.

Unsere Vorfahren haben uns gesunde, gut bewirtschaftete, abwechslungsreiche Wälder hinterlassen. Diese waren wohl auch Belastungen ausgesetzt. Man denke an die Waldweide, die Streunutzung, die übermäßige Jagdnutzung oder Holzübernutzung. Feuer, Stürme, Hagel oder Insekten schädigten die Wälder. Aber niemals bestand die Gefahr wie jetzt, daß die Lebensgrundlagen des Waldes zerstört werden.

Hoffen wir, daß unsere Gesellschaft die Kraft hat, die Umweltbelastungen drastisch zu mindern und den Waldschäden Einhalt zu gebieten.

Der Wald schützt sich nicht selbst. Er ist schneller geschlagen als aufgeforstet. Es ist eine uralte, durch die Geschichte erhärtete Tatsache, daß Waldschwund und Kulturschwund miteinander verwoben sind.

ANHANG UND IMPRESSUM

Literatur:

Dr. h. c. Otto Feucht: Der Wald um Stuttgart, W. Kohlhammer Verlag, Stuttgart
Handbuch Stuttgart (Beitrag von Forstdirektor Fritz Oechßler: Der Stuttgarter Wald), Konrad Theiss Verlag, Stuttgart
Horst Stern: Rettet den Wald, Kindler Verlag, München

Bildnachweis:
Karte auf Seite 13:
Abdruck mit Genehmigung des Stadtmessungsamts Stuttgart, Genehmigungs-Nr. A 33
Foto Seite 81:
Tanja Duszynski, Stuttgart
Foto Seite 86:
Joachim Feist, Pliezhausen

Öffnungszeiten Imbißstube Bärenschlößle:
Täglich von 10 Uhr bis zum Einbruch der Dunkelheit. Freitag Ruhetag.

Buslinien:
Linie 91: Feuerbach – Botnang – Forsthaus I
Linie 92: Stuttgart – Forsthaus I – Forsthaus II – Solitude – Leonberg
Linie 93: Stuttgart – Schattengrund – Bruderhaus – Glemstal – Leonberg

Duszynski, Gary: Waldleben
Im Stuttgarter Wald zwischen Solitude und Bärensee. Mit einem Beitrag von Forstdirektor Fritz Oechßler. 1. Auflage Mai 1995

Satz: Satzteam, 71254 Ditzingen
Reproduktion: Atelier am Schloßberg, 70825 Korntal-Münchingen
Druck und Verarbeitung: Interdruck, 04002 Leipzig, gedruckt auf chlorfrei gebleichtem Papier.

ISBN 3-9804364-0-3